BEI GRIN MACHT SICH IHR WISSEN BEZAHLT

- Wir veröffentlichen Ihre Hausarbeit, Bachelor- und Masterarbeit

- Ihr eigenes eBook und Buch - weltweit in allen wichtigen Shops

- Verdienen Sie an jedem Verkauf

Jetzt bei www.GRIN.com hochladen und kostenlos publizieren

Bibliografische Information der Deutschen Nationalbibliothek:

Die Deutsche Bibliothek verzeichnet diese Publikation in der Deutschen National-
bibliografie; detaillierte bibliografische Daten sind im Internet über http://dnb.d-
nb.de/ abrufbar.

Impressum:

Copyright © 2008 GRIN Verlag, Open Publishing GmbH
Druck und Bindung: Books on Demand GmbH, Norderstedt Germany
ISBN: 9783640558759

Dieses Buch bei GRIN:

http://www.grin.com/de/e-book/144378/unterrichtsstunde-experimentelle-erarbei-
tung-der-temperaturabhaengigkeit

Alice Sievers

Unterrichtsstunde: Experimentelle Erarbeitung der Temperaturabhängigkeit enzymatischer Reaktionen

Enzyme im Zellstoffwechsel

GRIN Verlag

GRIN - Your knowledge has value

Der GRIN Verlag publiziert seit 1998 wissenschaftliche Arbeiten von Studenten, Hochschullehrern und anderen Akademikern als eBook und gedrucktes Buch. Die Verlagswebsite www.grin.com ist die ideale Plattform zur Veröffentlichung von Hausarbeiten, Abschlussarbeiten, wissenschaftlichen Aufsätzen, Dissertationen und Fachbüchern.

Besuchen Sie uns im Internet:

http://www.grin.com/

http://www.facebook.com/grincom

http://www.twitter.com/grin_com

Studienreferendarin

Entwurf für den dritten Besonderen Unterrichtsbesuch - den zweiten im Fach Biologie

Schule:
Lerngruppe: **11**
Tag :
Zeit :
Raum:
Fachlehrer/in:

Thema der Unterrichtsstunde: **Experimentelle Erarbeitung der Temperaturabhängigkeit enzymatischer Reaktionen**

Thema der Unterrichtseinheit: **Enzyme im Zellstoffwechsel**

Pädagogische Leitung:
Fachleitung Biologie:
Schulleitung:

1   Lerngruppe und Lehrkraft

Seit Beginn des Schuljahres unterrichte ich die Klasse 11, die sich aus 16 Schülerinnen und 17 Schülern zusammensetzt, im Rahmen des eigenverantwortlichen Unterrichts im Fach Biologie. Die Klasse wurde zu Beginn des Schuljahres aus zwei verschiedenen Klassen und drei Schülerinnen und Schülern[1], die von einer anderen Schulform (Realschule) zum Gymnasium wechselten, gebildet. In der Lerngruppe befinden sich außerdem drei Schüler, die die Klasse wiederholen. Die einzelnen SuS besitzen daher sehr unterschiedliche Vorkenntnisse. Die wiederholenden SuS nehmen bisweilen Unterrichtsergebnisse vorweg.

Im Wesentlichen ist die Lehr- und Lernatmosphäre in der Lerngruppe zufriedenstellend. Mit Ausnahme einiger in der Klasse generell sehr unruhiger Schüler, die sehr häufig zur Aufmerksamkeit aufgefordert werden müssen, verfolgt die Lerngruppe in der Regel aktiv den Unterricht.

Die Lerngruppe ist in ihrer Mitarbeit und Leistung sehr heterogen. Während einige wenige SuS über ein beträchtliches Maß an Abstraktionsvermögen und Problemlösekompetenz verfügen[2], bereitet anderen nicht nur die Erarbeitung abstrakter Unterrichtsinhalte, sondern auch die bloße Reproduktion dieser Inhalte Schwierigkeiten. Diese Lernschwierigkeiten sind jedoch meines Erachtens zum größten Teil auf eine geringe Motivation zurückzuführen, können aber bisweilen auch thematisch bedingt sein. Auch das Aufstellen von Hypothesen und die Auswertung von Experimenten fallen einigen SuS schwer.

Die Beteiligung am Unterricht in lehrergesteuerten Unterrichts- und Ergebnissicherungsphasen ist daher häufig auf die wenigen motivierten und leistungsstarken SuS beschränkt. Die von mir bei der Erarbeitung biologischer Sachverhalte immer wieder eingesetzte Sozialform der Gruppenarbeit hat sich für die Aktivierung der zurückhaltenden bzw. weniger motivierten SuS als positiv erwiesen, da diese dann mehr aus sich herauskommen bzw. so angeregt werden, sich an Diskussionen und Erarbeitungen zu beteiligen. So sind während der Gruppenarbeitsphasen eine recht hohe Schüleraktivität und ein produktiver Austausch der SuS untereinander zu beobachten. Gleiches gilt für Schülerexperimente, die aufgrund der bisherigen in dieser Klassenstufe vorgegebenen Themen nur vereinzelt durchgeführt werden konnten. In dieser Stunde sollen daher vorrangig im Kompetenzbereich des Erkenntnisgewinns die Hypothesenbildung, das Durchführen von Experimenten sowie die Deutung von Beobachtungen gefördert werden.

Die SuS besitzen aufgrund der in den zurückliegenden Unterrichtsstunden behandelten Themen Kenntnisse über die Grundlagen der Enzymatik. Die Reaktions-Geschwindigkeits-Temperatur-Regel (RGT-Regel), die in dieser Stunde von Bedeutung ist, wurde von mir im Unterricht nicht behandelt. Es ist aber nicht ausgeschlossen, dass die SuS aus anderen Unterrichten diese Regel bereits kennen. Wiederholt wurde von mir allerdings im Zusammenhang mit den enzymatischen Reaktionen der Vorgang der Diffusion.

Der Beobachtungsschwerpunkt dieser Stunde liegt auf der Gesprächsführung und Moderation während der Ergebnissicherung.

---

[1] Schülerinnen und Schüler werden im Folgenden mit SuS abgekürzt.
[2] Vgl. Kompetenzprofil der Lerngruppe

2 Das Thema aus pädagogischer und fachdidaktischer Sicht

Enzyme spielen eine zentrale Rolle im Stoffwechsel aller lebenden Organismen. Nahezu jede biochemische Reaktion wird von Enzymen bewerkstelligt und kontrolliert [1, S. 64]. Sie werden zudem heute in vielen Bereichen wie Medizin, Therapie und Biotechnik sowie in der Lebensmittelindustrie in großem Maßstab produziert und eingesetzt [2, S. 54]. Enzyme kommen damit häufig im Alltag der SuS vor, ohne dass es ihnen bewusst ist. So wird den SuS auch das in dieser Unterrichtsstunde genannte Beispiel der Verwendung von Enzymen in Waschmitteln zur Steigerung der Waschleistung weitestgehend unbekannt sein. Deshalb liegt die Intention dieser Unterrichtsstunde auch darin, den SuS die Allgegenwärtigkeit und den alltäglichen selbstverständlichen Gebrauch von Enzymen zu verdeutlichen.

Auch die Temperaturabhängigkeit von chemischen Reaktionen ist zwar eine Alltagserfahrung (z. B. Kühlung von Lebensmitteln, Aktivität von wechselwarmen Tieren), aber den SuS ebenfalls oftmals nicht bewusst. Deshalb soll den SuS in dieser Stunde die Temperaturabhängigkeit enzymatischer Reaktionen vermittelt werden, denn diese stellen eine wichtige Grundlage zur Erarbeitung und zum Verständnis weiterführender biologischer Themen in der Oberstufe dar, wie z. B. der Fotosynthese und der Zellatmung [3, S. 1]. Auch in den Rahmenrichtlinien für die gymnasiale Oberstufe ist die Behandlung von Enzymen und ihrer Eigenschaften in dem Baustein „Realisierung der genetischen Information" für die Vorstufe gefordert [4, S. 16]. In der vorangegangenen Sequenz haben die SuS bereits viele molekularbiologische Prozesse kennen gelernt, bei denen Enzyme in ihrer Funktion behandelt wurden.

In dieser Unterrichtsstunde sollen außerdem die SuS im Rahmen der Förderung der Kompetenz des Erkenntnisgewinns die experimentellen Fähigkeiten und damit einhergehend die naturwissenschaftlichen Denk- und Arbeitsweisen üben.

Enzyme stellen die Grundlage aller Lebensvorgänge dar. Sie beschleunigen als Katalysatoren der Zelle Stoffwechselreaktionen, indem sie die Aktivierungsenergie herabsetzen [5, S. 105]. So können Reaktionen oft schon bei der im Organismus vorhandenen relativ niedrigen Temperatur ablaufen. Da alle Stoffwechselprozesse der Organismen durch spezifische Enzyme katalysiert werden, gibt es kein Leben ohne Enzyme.

Die meisten Enzyme sind Proteine, deren Aminosäurekette zu einer charakteristischen Raumstruktur (Tertiär- und Quartärstruktur) gefaltet ist, sodass dabei eine muldenartige Vertiefung, das aktive Zentrum entsteht. Das aktive Zentrum ist die katalytisch wirksame Region eines Enzyms, an das nach dem Schlüssel-Schloss-Prinzip der jeweilige Ausgangsstoff für die katalysierende Reaktion, das Substrat, binden kann. Dadurch entsteht ein so genannter Enzym-Substrat-Komplex. Das Substrat wird in die Produkte umgewandelt, welche das aktive Zentrum verlassen. Das Enzym geht unverändert aus der Reaktion hervor und kann weitere Reaktionszyklen durchlaufen [5, S. 108].

Die Anzahl der Substratmoleküle, die ein Enzymmolekül pro Zeiteinheit in das Reaktionsprodukt umwandelt, stellt ein Maß für die Reaktionsgeschwindigkeit und damit für die Enzymaktivität dar [2, S. 47]. Die Geschwindigkeit einer enzymatischen Reaktion ist von verschiedenen Faktoren abhängig, so z. B. von der Konzentration des Substrats bzw. des Enzyms, der Temperatur, dem pH-Wert, der Konzentration von Salzen, dem Vorhandensein von Hemmstoffen und auch von der spezifischen Aktivität des jeweiligen Enzyms [5, S. 109]. In dieser Stunde beschränke ich mich allerdings ausschließlich auf den Faktor Temperatur, da dieser

Einfluss auf die Enzymaktivität im Experiment am deutlichsten gezeigt werden kann.[3] Die Temperatur hat über zwei verschiedene Mechanismen Einfluss auf die Enzymaktivität: Grundsätzlich nimmt, wie bei allen anderen chemischen Reaktionen auch, die Reaktionsgeschwindigkeit enzymatischer Reaktionen nach der RGT-Regel mit steigender Temperatur zu: Bei chemischen Reaktionen führt eine Temperaturerhöhung von 10°C zu einer Verdopplung der Reaktionsgeschwindigkeit. Dieser Sachverhalt ist durch die bei höheren Temperaturen stärkere Teilchenbewegung zu erklären, wodurch Enzym und Substrat mit einer größeren Wahrscheinlichkeit aufeinander treffen. [5, S. 109; 1, S. 65]

Ab einer bestimmten Temperatur fällt jedoch die Geschwindigkeit der enzymatischen Reaktion mit jedem weiteren Temperaturanstieg rapide ab. An diesem Punkt stört die Wärmeenergie die Wasserstoffbrücken und andere nichtkovalente Wechselwirkungen, welche die räumliche Struktur der Enzymmoleküle stabilisieren, so dass das Proteinmolekül irreversibel verändert wird (Denaturierung). [5, S. 109].

Enzyme, wie Proteasen, Amylasen, Lipasen und Cellulasen sind schon lange Bestandteil vieler Waschmittel [6]. Sie helfen beim Waschen, indem sie Schmutzstoffe wie Fette, Proteine oder Stärke abbauen. Die Enzyme ermöglichen im Zusammenspiel mit den restlichen Waschmittelbestandteilen bereits bei niedrigen Waschtemperaturen Waschleistungen, wie sie früher ansonsten nur mit der Hochtemperaturwäsche (100°C) erreicht wurden [7, S. 4]. Bei zu hohen Temperaturen besteht allerdings die Gefahr der Denaturierung. Die Temperaturgrenzen sind artspezifisch [1, S. 69], worauf in dieser Stunde nicht näher eingegangen werden soll. Das von mir in Vorversuchen ermittelte Temperaturoptimum der Katalase beträgt ca. 40°C.

Bis vor kurzem produzierte man die Waschmittelenzyme mit natürlich vorkommenden Mikroorganismen. Heute verändern immer mehr Hersteller diese Organismen mit Hilfe von Gentechnik, um effizientere und stabilere Enzyme zu gewinnen, die auch bei höheren Waschtemperaturen (bis 90°C) ihre Wirkung beibehalten [6]. Auf diese Besonderheit und auf Problematiken, die im Zusammenhang mit dem Einsatz von Enzymen in Waschmitteln auftreten können, wie z. B. allergische Reaktionen und Hautreizungen, soll in dieser Stunde nicht eingegangen werden.

Das Enzym Katalase, das in allen Tier- und Pflanzenzellen vorkommt und dort das als Zellgift wirkende Wasserstoffperoxid (H_2O_2) durch die Zerlegung in Wasser und Sauerstoff unschädlich macht, kommt nur in Waschmitteln vor, die Bleichungsmittel enthalten. Es ist aber zur experimentellen Erarbeitung verschiedener Aspekte der Enzymaktivität im Unterricht besonders gut geeignet [vgl. 8, S. 44]. So sind quantitative Experimente mit Katalase einfacher als bei anderen Enzymen durchführbar, da lediglich das Volumen des sich entwickelnden Sauerstoffs zu messen ist. Weil die Katalase sehr schnell reagiert, erfordert die Durchführung des Experiments im Vergleich zu anderen verhältnismäßig wenig Zeit. Das Enzym kommt u. a. in Hefe in den für diese Versuche benötigten Mengen vor und ist damit leicht zu beschaffen. Die Wirkungsweise des Enzyms Katalase in Verbindung mit Wasserstoffperoxid ist den SuS bereits aus einer vorangegangenen Stunde bekannt. Auch sind ihnen die Sicherheitsvorkehrungen im Umgang mit Wasserstoffperoxid geläufig.

Die Bestimmung der Aktivität des Enzyms Katalase bei unterschiedlichen Temperaturen erfolgt in der heutigen Stunde über das Volumen des bei der Enzymreaktion entstehenden Sauerstoffs, sichtbar durch die

---

[3] Ursprünglich war geplant, in dieser Unterrichtsstunde die Abhängigkeit der Enzymaktivität von der Substratkonzentration zu behandeln. Vorversuche haben allerdings ergeben, dass die Ergebnisse nicht aussagekräftig genug sind.

Höhe der sich bildenden Schaumkronen [9, S. 72ff]. In diesem Verfahren kann zwar nicht die genaue Menge des entstandenen Sauerstoffs ermittelt werden, dafür ist es aber sehr anschaulich und führte in den von mir durchgeführten Vorversuchen, im Gegensatz zu anderen Messverfahren, zu aussagekräftigen Ergebnissen. Die Bestimmung der Enzymaktivität wird in diesem Versuch von 0° bis 70°C in 10°C-Abständen von den SuS ermittelt, um eine größere Anzahl an Messwerten für die anschließende Diagrammerstellung zu erhalten. Damit kann die Aktivität des Enzyms innerhalb des zu messenden Temperaturbereichs genauer dargestellt und eventuelle Fehlmessungen einer Gruppe ausgeglichen werden.

In der Hausaufgabe sollen die SuS ihre in der Stunde erworbenen Kenntnisse auf ein Beispiel aus der Natur anwenden und damit ihr Wissen festigen.

3   Kompetenzbezug und Stundenziel

Vorrangig geförderte Kompetenz:

Erkenntnisgewinn (E)

Stundenziel:

Die SuS können auf Basis der Ergebnisse eines kooperativ durchgeführten Experiments die Temperaturabhängigkeit von Enzymen beschreiben und diese mit der RGT-Regel bzw. der Enzymstruktur erklären.

4   Methodische Überlegungen

Im Zentrum dieser Stunde steht die kooperative Erarbeitung der Temperaturabhängigkeit enzymatischer Reaktionen mithilfe eines von den SuS selbstständig durchzuführenden Experiments. Das Experimentieren nimmt eine zentrale Rolle bei der naturwissenschaftlichen Erkenntnisgewinnung ein und stellt ein wichtiges Element handlungsorientierten Unterrichts dar [10, S. 107]. Es fördert die Motivation und die forschende Neugier der SuS sowie ihr Geschick im Umgang mit Experimentiergeräten. Aus diesen Gründen habe ich mich gegen eine theoretische Erarbeitung der Temperaturabhängigkeit von Enzymen entschieden.

Die Durchführung des Experiments erfolgt arbeitsteilig in Gruppen à 4 SuS (eine Gruppe à 5 SuS), wobei jede Gruppe die Enzymaktivität bei einer anderen Temperatur ermittelt. Diese Vorgehensweise ist sehr zeitökonomisch, so dass der Einfluss der Temperatur auf die Enzymaktivität in nur einer Unterrichtsstunde experimentell behandelt werden kann. Jede Gruppe führt dabei das Teilexperiment zweimal zeitgleich durch, um aus den Ergebnissen einen Mittelwert zu errechnen. Damit sollen aussagekräftigere Ergebnisse erreicht werden. Die Gruppengröße von 4 SuS habe ich gewählt, weil sie beim Experimentieren eine optimale Größe für eine erfolgreiche Teamarbeit darstellt. Auch können die wahrzunehmenden Funktionen innerhalb der Arbeitsgruppen (Zeitwächter, Temperaturwächter, Pipettierspezialist, Protokollant) wahrgenommen werden. Aus organisatorischen und zeitlichen Gründen liegen die benötigten Versuchsmaterialien für jede Gruppe bereits an ihrem Arbeitsplatz.

Die Auswertung der Versuchsergebnisse erfolgt in der gleichen Gruppenzusammensetzung, in der auch die Experimente durchgeführt werden. Ich habe mich auch hier für diese Sozialform entschieden, weil meine Beobachtungen in dieser Lerngruppe gezeigt haben, dass so eine entsprechende Motivation und aktive

4

Beteiligung aller SuS am Unterrichtsprozess zu erreichen ist (vgl. Abschnitt 1. Lerngruppe und Lehrkraft). Abgesehen davon beabsichtige ich damit, die Teamfähigkeit und das selbstständige Arbeiten der SuS zu fördern. Die Gruppen wurden leistungsheterogen zusammengesetzt, weil sich dadurch die SuS mit ihren jeweiligen Stärken beim Experimentieren und der späteren Versuchsauswertung gegenseitig unterstützen und

5 ergänzen können. Auch werden durch diese Gruppenzusammensetzung soziale Kompetenzen, wie z. B. Zuhören, Argumentieren und Kooperieren gestärkt. Die SuS arbeiten erstmalig in dieser Zusammensetzung.

Die einzelnen Messergebnisse werden nach Abschluss der Experimente in einer gemeinsamen Tabelle auf dem OHP zusammengetragen, um das Gesamtergebnis so für alle Gruppen sichtbar zu machen. Die Methode des Gruppenpuzzles bietet sich für diesen Datenaustausch m. E. nicht an, da in den Stammgruppen mit einer

10 Größe von acht SuS ein geordneter und damit produktiver Austausch mit einer anschließenden Auswertung der Ergebnisse nur eingeschränkt möglich wäre. Das Gruppenpuzzle wäre nur dann möglich, wenn die Anzahl der einzustellenden Temperaturen auf vier reduziert würde. Dann würde allerdings nicht der Verlauf der Enzymaktivität in der von mir gewünschten Genauigkeit darstellbar sein.

Sollten die Messergebnisse den Einfluss der Temperatur auf die Enzymaktivität nicht eindeutig wider-

15 spiegeln, werde ich den SuS Messdaten aus von mir durchgeführten Vorversuchen zur Verfügung stellen.

In der Erarbeitungsphase 2 werden die SuS die Versuchsergebnisse grafisch darstellen und auswerten. Zur Unterstützung dieser Auswertung erhalten die SuS ein von mir vorgefertigtes Arbeitsblatt, auf dem die Versuchsauswertung kleinschrittig durch entsprechende Arbeitsaufträge vorgegeben ist. Die Versuchsergebnisse halten die SuS für die anschließende Präsentation im Plenum gruppenweise auf einer gemeinsamen Folie fest.

20 Die Erstellung dieses gemeinsamen Produkts verlangt von den SuS ein verantwortliches Miteinander und eine intensive Auseinandersetzung über das, was später als Ergebnis präsentiert werden soll. Außerdem werden sie von persönlichen Notizen während dieser Phase entlastet. Von den Folien können daneben für die persönlichen Unterlagen der SuS Kopien angefertigt werden.

Die Ergebnissicherung erfolgt über die Präsentation der Gruppenergebnisse. Dazu werden zwei SuS, die von

25 den Gruppen bestimmt werden, die Ergebnisse der Gruppe unter Einbeziehung ihrer grafischen Darstellung auf dem OHP vortragen. Die übrigen Gruppen werden diese Ausführungen ergänzen. Sollten die SuS in diesem Zusammenhang nicht selbst die RGT-Regel als Begriff erwähnen, werde ich diesen Begriff einführen und die Regel selbst an der Tafel sichern. Möglicherweise wird abschließend eine Diskussion über Fehlerquellen beim Experimentieren notwendig sein.

30 Nach der Ergebnispräsentation erfolgt ein Rückbezug zu den im Einstieg aufgestellten Hypothesen.

Als didaktische Reserve ist vorgesehen, dass die SuS weitere Beispiele für Temperaturabhängigkeiten bei Enzymen aus dem täglichen Leben nennen. Die vorgeschaltete Murmelphase gibt den SuS die Möglichkeit, sich untereinander auszutauschen und abzusichern. Ich werde die Beispiele an der Tafel festhalten und ggf. durch weitere ergänzen. Sollte anschließend noch weitere Zeit zur Verfügung stehen, können die SuS bereits

35 mit der Bearbeitung der Hausaufgabe beginnen.

Als Einstieg wähle ich einen stummen Impuls in Form einer OHP-Folie, auf der dargestellt wird, mit welchen Methoden und Mitteln die Wäsche früher und heute behandelt wurde bzw. wird. Anhand dieser Folie erkennen die SuS sofort den Entwicklungssprung auf dem Gebiet der Wäschereinigung. Bei genauerer

Betrachtung der Inhaltsstoffe der Waschmittel wird den SuS auffallen, dass in diesen heutzutage Enzyme enthalten sind. Das Fragezeichen unter dem heute üblichen enzymhaltigen Waschmittel neben der früheren Waschtemperatur von 100°C soll die SuS anregen, unter Einbeziehung ihrer Kenntnisse über Enzyme begründete Hypothesen über die Waschtemperatur aufzustellen, die von mir auf Folie festgehalten werden. Diese Vermutungen führen direkt zu der Fragestellung der Stunde, nämlich, ob die Temperatur einen Einfluss auf die Enzymaktivität hat. Da die Schülerbeiträge nur begrenzt zu antizipieren sind, behalte ich mir in dieser Einstiegsphase vor, auch durch verbale Impulse lenkend einzugreifen, falls es notwendig wird. Nach dem Einstieg werde ich die Unterrichtsstunde den SuS in ihrem Ablauf mit Hilfe einer Folie kurz vorstellen und damit für den weiteren Unterrichtsverlauf für Orientierung und Transparenz sorgen.

Meine Funktion als Lehrkraft besteht in dieser Stunde in der Moderation des Stundenablaufs und der Ergebnissicherung sowie in der eventuellen Beratung der Arbeitsgruppen während des Experiments.

5 Verlaufsplan

Phase	Inhaltliche Aspekte ("Was ist dran?")	Lernaktivitäten der Schüler und Schülerinnen Die SuS....	Methodische Aspekte	Materialien, Medien
Einstieg	Begrüßung der SuS und Vorstellen der Gäste Waschen früher und heute Aufstellen von Hypothesen	...beschreiben die Abbildung. ...stellen Vermutungen über die Funktion von Enzymen in Waschmitteln an. ...stellen begründet Hypothesen über die Waschtemperatur mit dem enzymhaltigen Waschmittel auf. ...vermuten evtl. einen Einfluss der Waschtemperatur auf die Enzymwirkung beim Waschvorgang. ...stellen evtl. die Hypothese auf, dass mit steigender Temperatur die Enzymaktivität zunimmt. ...stellen evtl. die Hypothese auf, dass ab einer bestimmten Temperatur die Enzyme denaturieren.	Stummer Impuls KG	OHP, Folie 1: Waschen früher und heute
	Transparenz schaffen		LI	Folie 2: Unterrichtsverlauf
Erarbeitung1	Experiment zur Temperaturabhängigkeit von Enzymen ➤ Gruppeneinteilung ➤ Lesen der Versuchsanleitung ➤ Aufgabenverteilung in den Gruppen	...lesen die Versuchsanleitung. ...klären eventuelle Fragen zum Experiment innerhalb der Klasse. ...übernehmen innerhalb der Gruppe eine Aufgabe für das durchzuführende Experiment (Zeitwächter, Temperaturwächter, Pipettierspezialist, Protokollant).	EA KG Schülerversuch/ GA	Arbeitsblatt 1: Versuchsanleitung; Versuchsmaterialien
	➤ Versuchsdurchführung ➤ Protokollierung der Beobachtungen	...führen in ihren Gruppen die Experimente gemäß der Versuchsanleitung durch. ...notieren ihre Beobachtungen und ihr Messergebnis.		
Zwischensicherung	Zusammentragen der Ergebnisse Erteilung eines Arbeitsauftrages zur Auswertung der Ergebnisse	...tragen ihr Messergebnis in eine gemeinsame Tabelle auf dem OHP ein.	SV LI	OHP, Folie 3: Messergebnisse, Arbeitsblatt 2: Auswertung der Ergebnisse
Erarbeitung2	Auswertung der Versuchsergebnisse	...stellen die Messergebnisse in einem Säulendiagramm grafisch dar. ...beschreiben die Ergebnisse anhand des Säulendiagramms. (Mit zunehmender Temperatur steigt zunächst die Schaumentwicklung, ab einer	GA	OHP, Folie 3: Messergebnisse, Arbeitsblatt 2:

Phase	Inhalt / Verlauf		Medien / Material
	bestimmten Temperatur geht die Schaumentwicklung stark zurück.) ...schließen aus den Versuchsergebnissen, dass die Schaumentwicklung ein Maß für die Sauerstoffbildung bei der katalytischen Zerlegung von Wasserstoffperoxid und damit ein Maß für die Aktivität des Enzyms Katalase ist. ...interpretieren die Versuchsergebnisse dahingehend, dass die Aktivität des Enzyms Katalase von der Temperatur beeinflusst wird. ...erklären die Temperaturabhängigkeit von Enzymen auf Basis ihrer Vorkenntnisse über Enzyme. ...bereiten eine kurze Ergebnispräsentation vor.		Auswertung der Ergebnisse, Folie 4: Auswertung der Ergebnisse
Ergebnis-sicherung	Präsentation der Gruppenergebnisse evtl. Einführung der RGT-Regel evtl. Fehlerdiskussion Waschen früher und heute	Eine Gruppe stellt ihre Ergebnisse vor, die anderen Gruppen ergänzen. ...notieren die RGT-Regel. ...diskutieren eventuelle Fehlerquellen beim Experimentieren. ...überprüfen die von ihnen aufgestellte(n) Hypothese(n) auf Richtigkeit und korrigieren sie ggf.	KG LI KG	OHP, Folie 4: Auswertung der Ergebnisse Tafel Folie 1: Waschen früher und heute
Didaktische Reserve	Weitere Beispiele für Temperatur-abhängigkeiten bei Enzymen	...nennen weitere Beispiele aus dem täglichen Leben, wo ebenfalls die Temperatur einen Einfluss auf enzymatische Reaktionen hat (z. B. Kühlung von Lebensmitteln, Fieber, wechselwarme Tiere, Pflanzenwuchs im Gewächshaus).	Murmelphase KG	Tafel
Hausaufgabe	Temperaturregelung bei Eidechsen	...wenden ihre neu erworbenen Kenntnisse über die Temperatur-abhängigkeit von Enzymen auf ein anderes, vorgegebenes Beispiel an.	EA	Arbeitsblatt 3: Hausaufgabe

6 Anhang

6.1 Literaturverzeichnis

[1] Weber, U. (Hrsg.) (2006): Biologie Oberstufe. Gesamtband. Berlin: Cornelsen.

[2] Beyer, I. et al. (2007): Natura. Biologie für Gymnasien. Oberstufe. Stuttgart: Ernst Klett.

[3] Niedersächsisches Kultusministerium (Hrsg.) (2008): Schriftliche Abiturprüfung 2010. Thematische Schwerpunkte für die Fächer mit landesweit einheitlichen Aufgabenstellungen. Biologie.

[4] Niedersächsisches Kultusministerium (Hrsg.) (1997): Rahmenrichtlinien für das Gymnasium – gymnasiale Oberstufe. Biologie. Hannover: Schroedel.

[5] Campbell, N. A. (1998): Biologie. Berlin: Spektrum Akademischer Verlag.

[6] http://www.mythen-post.ch/datei_mp_3_98/enzyme_in_waschm_mp_3_98.htm, letztes Abrufdatum, 21.06.2008.

[7] www.bifa.de/download/waschmittel_kurz.pdf, letztes Abrufdatum, 21.06.2008.

[8] Hedewig, R. (1991): Katalase – eines der wirksamsten Enzyme. In: Unterricht Biologie 168 (1991): Stoffwechsel. Erhard Friedrich Verlag.

[9] Jaenicke, J. (1998): Materialien-Handbuch Kursunterricht Biologie. Band 2: Stoffwechselbiologie. Köln: Aulis-Verlag Deubner.

[10] Stripf, R. (Hrsg.) (2006): Methoden Handbuch Biologie. Band 1. Köln: Aulis-Verlag Deubner.

6.1.1 Bild- und Textquellen für die Arbeitsblätter

http://oldiewash.de/kessel-5.jpg, letztes Abrufdatum, 21.06.2008.

http://www.kalwey.de/img_new/abb11_waschmaschine_gross.jpg, letztes Abrufdatum, 21.06.2008.

http://p3.focus.de/img/gen/V/d/HBVdtUxz_Pxgen_r_311xA.jpg, letztes Abrufdatum, 21.06.2008.

http://www.rossmann.de/DesktopModules/WebShop/images/full/448321_1.jpg, letztes Abrufdatum, 21.06.2008.

http://www.digitalefolien.de/biologie/gs/tiere/024zaun2.JPG, letztes Abrufdatum, 21.06.2008.

http://www.young-disco.de/ygalt/achtung.gif, letztes Abrufdatum, 21.06.2008.

http://pages.unibas.ch/phys-ap/symbols/thermo.gif, letztes Abrufdatum, 21.06.2008.

http://www.escience.ca/resource/resourceGFX/Experiment.gif, letztes Abrufdatum, 21.06.2008.

Heimhilcher, T. : Temperaturabhängigkeit der Katalase.

6.2 Antizipierter Tafelanschrieb

Reaktions-Geschwindigkeits-Temperatur-Regel (RGT-Regel):
Bei einer Temperaturerhöhung von 10°C wird die Reaktionsgeschwindigkeit verdoppelt.

Beispiele für Temperaturabhängigkeiten bei Enzymen:
- ➢ Kühlung von Lebensmitteln
- ➢ Fieber
- ➢ wechselwarme Tiere
- ➢ Bierbrauen
- ➢ Pflanzenwuchs im Gewächshaus

Folie 1: Waschen früher und heute

Waschen früher und heute

Inhaltsstoffe:
Seife, Tenside

Inhaltsstoffe:
Seife, Tenside,
Enzyme

100°C

? °C

Unterrichtsverlauf

1. Gruppenarbeitsphase: Durchführung des Experiments

- ➢ Gruppeneinteilung
- ➢ Versuchsanleitung lesen
- ➢ Fragen klären
- ➢ Versuchsdurchführung
- ➢ Zusammentragen der Ergebnisse auf OHP-Folie

2. Gruppenarbeitsphase: Auswertung des Experiments

3. Präsentation der Ergebnisse

Folie 3: Messergebnisse

Temperatur [°C]	0	10	20	30	40	50	60	70
Höhe der Schaumkrone [cm]								

Folie 4: Auswertung der Ergebnisse

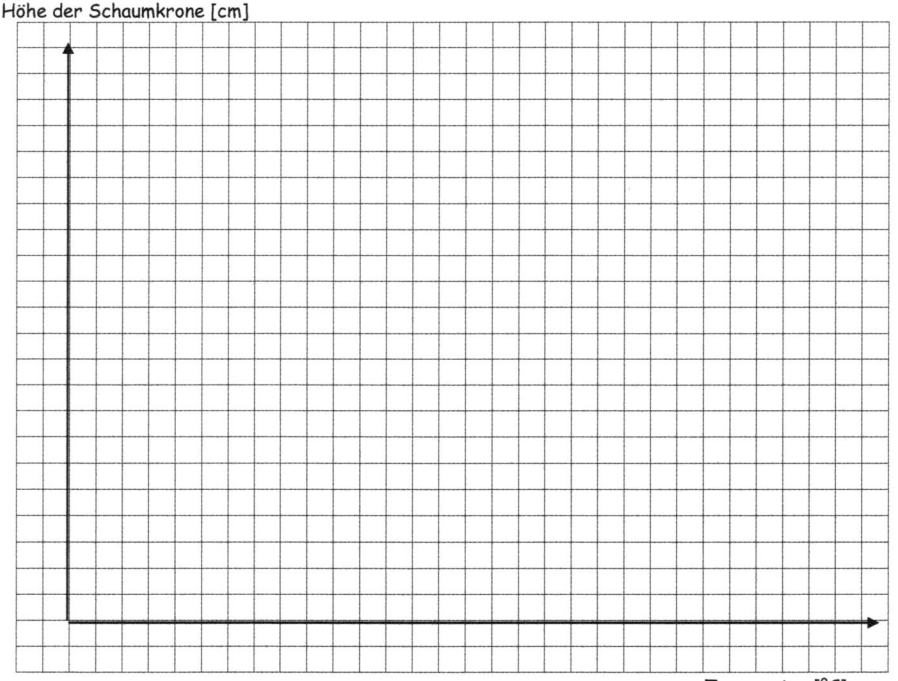

Experiment: Hat die Temperatur einen Einfluss auf die Enzymaktivität?

Höhe der Schaumkrone [cm]

Temperatur [°C]

Biologie   Klasse 11
                                  Enzyme im Zellstoffwechsel

Experiment: Hat die Temperatur einen Einfluss auf die Enzymaktivität?

Arbeitsaufträge:
1. Bestimmen Sie in der Gruppe die Enzymaktivität der Katalase bei einer Temperatur von ...°C. Führen Sie dazu das Experiment **zeitgleich zweimal** curch und bilden Sie aus den Ergebnissen den Mittelwert.
2. Protokollieren Sie Ihre Beobachtungen.

Achtung! Wasserstoffperoxid (H_2O_2) ist hautreizend und ätzend: Deshalb sind bei allen Versuchen mit Wasserstoffperoxid eine Schutzbrille und Einmalhandschuhe zu tragen!

Materialien:
1 Wasserkocher bzw. Eis, 1 Reagenzglasständer, 2 Reagenzgläser, 2 Spritzen, 1 großes Becherglas (250ml) mit Wasser, 1 Thermometer, 1 mittleres Becherglas (100ml) mit Hefesuspension, 1 kleines Becherglas (25ml) mit 3% Wasserstoffperoxid (H_2O_2), 1 wasserfester Stift, 1 Lineal, 1 Uhr

Versuchsaufbau und –durchführung:
1. Bestimmen Sie in Ihrer Gruppe Mitschüler, die folgende Aufgaben übernehmen: Zeitwächter, Temperaturwächter, Pipettierspezialist, Protokollant.
2. Bringen Sie das Wasser im Becherglas auf die gewünschte Temperatur von ...°C und halten Sie diese über die Versuchsdauer konstant.
3. Rühren Sie die Hefesuspension nochmals gut durch und geben Sie 1 ml Hefesuspension mit der Spritze in das Reagenzglas.
4. Markieren Sie den Flüssigkeitsstand mit einem wasserfesten Stift am Reagenzglas.
5. Stellen Sie nun das Reagenzglas für 4 Minuten in das vorbereitete Wasserbad im Becherglas.
6. Wenn diese Zeit abgelaufen ist, stellen Sie das Reagenzglas in den Reagenz-glasständer. Wenn Sie eine Temperatur **über 20°C** bearbeiten, lassen Sie das Reagenzglas für 4 Minuten bei Raumtemperatur abkühlen, bevor Sie den nächsten Schritt bearbeiten!
7. Überführen Sie nun mit der zweiten Spritze 1 ml Wasserstoffperoxid (H_2O_2) in die temperierte Hefesuspension im Reagenzglas.
8. Nach 3 Minuten markieren Sie am höchsten Punkt der Schaumkrone einen weiteren Strich am Reagenzglas und messen Sie die Strecke zwischen den beiden Markierungen.
9. Bilden Sie aus den beiden parallel durchgeführten Versuchen den Mittelwert.
10. Tragen Sie ihr Messergebnis in die Tabelle auf der Folie am OHP ein.

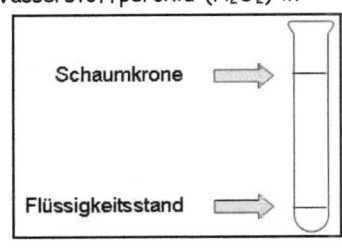

Abb. 1: Markierungen

14

Experiment: Hat die Temperatur einen Einfluss auf die Enzymaktivität?

Versuchsergebnisse:

Temperatur [°C]	0	10	20	30	40	50	60	70
Höhe der Schaumkrone [cm]								

Versuchsauswertung:
1. Stellen Sie die Messergebnisse auf der Folie in einem Säulendiagramm grafisch dar.
2. **Beschreiben** Sie die Ergebnisse anhand des Säulendiagramms.
3. **Interpretieren** Sie die Versuchsergebnisse.
4. **Erklären** Sie den gedachten Kurvenverlauf des Säulendiagramms mithilfe Ihrer Vorkenntnisse über Enzyme.
5. Bereiten Sie eine kurze Ergebnispräsentation auf der Folie vor.
6. Bestimmen Sie zwei Mitschüler, die Ihre Gruppenergebnisse und Erkenntnisse dem Plenum vorstellen.

Arbeitsblatt 3: Hausaufgabe

Hausaufgabe:

Bei Eidechsen kann man beobachten, dass sie sich nach kühleren Nächten zunächst länger an sonnigen Stellen aufhalten, bevor ihre eigentliche Aktivitätsphase beginnt. Demgegenüber sind sie an heißen Tagen eher unter Steinen zu finden.

Erläutern Sie diese Beobachtungen mithilfe ihrer in dieser Stunde erworbenen Kenntnisse.